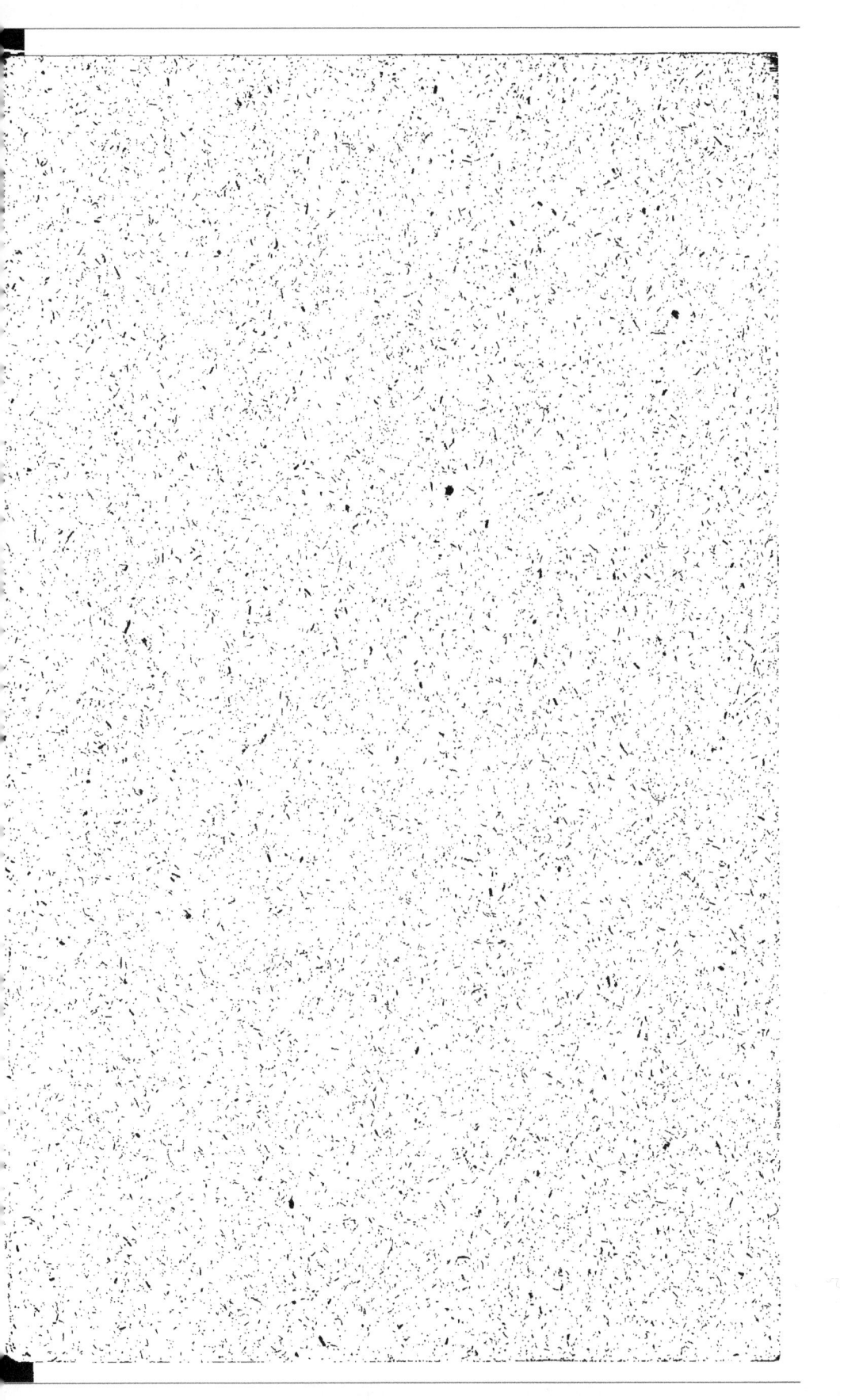

Tb 64
98

SOMNAMBULISME.

Read

SOMNAMBULISME.

SUPPLÉMENS

AUX JOURNAUX

DANS LESQUELS IL A ÉTÉ QUESTION

DE CE PHÉNOMÈNE PHYSIOLOGIQUE.

A PARIS,

Chez { BREBANT, Libraire, Boulevart des Italiens, n°. 29,
pavillon d'Hanovre.
Et les Marchands de Nouveautés.

1813

« Ces gens-là (*les charlatans*) ne croient pas les Français
» plus sots que les autres peuples; les supposeraient-ils moins
» adonnés aux vieilles routines, plus affranchis des préjugés
» de l'usage? Ils (*les Français, apparemment*) répondront
» eux-mêmes qu'ils sont toujours les derniers, sinon à accueillir,
» du moins à adopter les découvertes utiles : que Christophe
» Colomb a vainement sollicité la faveur de découvrir, à leur
» profit, un nouveau monde; que les tourbillons de Descartes
» ont lutté chez eux, pendant un demi-siècle, contre l'attrac-
» tion newtonienne ; que l'inoculation sauvait, depuis trente
» ans, des milliers d'hommes en Europe, lorsque cette pra-
» tique salutaire commençait à peine à s'introduire en France ;
» qu'en ce moment encore, une grande moitié des habitans de
» Paris s'obstine à boire l'eau fangeuse de la Seine, de préfé-
» rence à l'eau claire et filtrée qu'on leur offre pour le même
» prix; qu'en un mot, toute innovation portant un caractère
» de grandeur et d'utilité publique, a toujours été, dans ce
» pays, l'objet des plus longues et des plus ridicules contes-
» tations. »

L'ERMITE de la Chaussée d'Antin. (Feuilleton
du 21 août 1813).

SUPPLÉMENS

AUX JOURNAUX

DANS LESQUELS IL A ÉTÉ QUESTION

DU SOMNAMBULISME.

L'Auteur *de cet écrit ne le destinait point au public, mais à un ami qui lui avait demandé des éclaircissemens sur le sujet d'une discussion entamée dans les journaux. Il sait trop ce qu'il doit aux Lecteurs attentifs , pour ne pas solliciter leur indulgence , s'il ose leur présenter quelques notes écrites avec l'abandon que se permet la confiance ; et que l'amitié a pu excuser.*

————————

Paris, février 1813.

Lorsque l'un des littérateurs attachés à la rédaction du Journal de l'Empire , s'égaya sur

A

le *Somnambulisme*, les lecteurs furent persua-
dés que le talent de badiner méritait un éloge
à M^r. H. ; mais qu'il avait dédaigné celui que
l'on accorde à ceux qui ont pris la peine de
connaître ce dont ils parlent. On regrettait que
cet estimable écrivain n'eût pas été éclairé par
l'expérience sur un sujet que des faits rendent
intéressant, ou au moins digne de piquer la
curiosité........ En lisant ses trois derniers articles, il est aisé de voir qu'il a quitté le ton
soutenu dans les précédens. Il avoue qu'il a vu
des expériences ; son incrédulité a fléchi devant elles. Il ne fallait rien moins que son style
et sa signature pour faire reconnaître l'auteur
du persifflage des articles antérieurs. Comment
est arrivé ce changement ? Je n'en chercherai
pas la cause. Il suffit de remarquer que cette
conversion parut enveloppée d'un reste d'incrédulité, afin de ménager, peut-être, l'amour-
propre de quelques personnes.

Parler du *Somnambulisme* dans le *Journal*

de l'Empire, c'était s'adresser à une immensité de lecteurs ; la curiosité en multiplia le nombre. La génération présente se souvenait à peine des débats que fit naître, il y a trente ans, cette nouveauté.

Après avoir souri au ton léger de M. H., on lui passe ses doutes en faveur de l'appel qu'il fait aux savans qui sont en possession de nous éclairer. En effet, ne leur appartient-il pas de nous guider dans les sentiers où nous ne pouvons aller sans flambeau, et sans nous appuyer sur ceux qui ont l'habitude d'y marcher avec assurance

Les noms de MM. *de Puységur* et H. retentirent dans les cercles. Les opinions étaient partagées ; on parlait sans trop s'entendre. Les feuilletons n'avaient pas donné les élémens de la science sur laquelle on disputait. Depuis long-temps les journaux gardaient le silence le plus profond sur tout ce qui appartient à cette doctrine ; le public ne savait quel livre il lui fallait ouvrir pour y trouver quelques instructions sur une matière qui est fort étrangère à nos connaissances habituelles.

Nous étions dans cet état d'incertitude, lorsqu'à l'occasion du *Somnambulisme* et de *Somnambules* , les journaux nous reportèrent au temps où le *Mesmérisme* et *ses baquets* précédèrent de quelques années les phénomènes du *Somnambulisme*. On pouvait penser que ces écrivains se constituaient, pour ainsi dire, les avocats généraux qui devaient jeter quelque lumière sur une discussion assez importante pour mériter l'attention des lecteurs des articles de M^r. *H*. Ils ont d'abord parlé contre le *Mesmérisme*, et ils l'ont fait de manière à persuader que les conclusions qu'ils se pressaient de prendre contre le *Somnambulisme* devaient être une conséquence naturelle de l'opinion des commissions qui s'occupèrent jadis du *Mesmérisme*. Pour éclairer les personnes qui ne con-

A

nurent pas les *baquets*, et qui entendent parler
du *Somnambulisme*, il fallait s'instruire de ses
phénomènes, et être, dans cette affaire, des
rapporteurs impartiaux de ce qui s'est passé depuis l'arrivée de M. *Mesmer* en France; enfin,
il fallait résumer le pour et le contre. Dans l'état
où on met la cause, elle n'est pas instruite : le
public est indécis. Voici, lui a-t-on dit, des
pièces ; elles condamnent le *Mesmérisme* :
donc cette proscription frappe le *Somnambu-*
lisme. Si le premier est lié au second, il est bon
de savoir comment.

Ces pièces, produites par les journalistes,
sont des rapports faits par des commissaires
nommés pour examiner la doctrine de M. *Mes-*
mer.

L'assurance avec laquelle ce docteur allemand
se présenta à Paris, commandait l'attention de
la Faculté de médecine et celle des personnes
distinguées dans les sciences. Peut-être cet étran-

ger eût-il été plus prudent de ne point donner l'air d'un défi aux propositions qu'il faisait d'appliquerà la guérison des maladies, les moyens curatifs qu'il annonçait ; mais il eût été plus honnête de ne voir, dans son ton d'assurance , que l'amour de l'humanité, et le désir de reculer les bornes de la science médicale.

Si M. *Mesmer* ne gagna pas la confiance des médecins, il leur inspira une espèce de crainte qui fut adroitement dissimulée. Ceux qui en étaient frappés ne parlaient pas de leur intérêt particulier ; l'intérêt public parut seul les animer ; seul, il eut l'air de présider aux travaux des commissaires chargés de faire les rapports.

Le public , sous les yeux duquel les journaux viennent de mettre les conclusions de ces rapports ; peut douter si c'était avec M. *Mesmer* seul que les commissaires avaient des communications, pour faire des expériences et discuter sa doctrine. On dit que ces savans ne procédè-rent point à l'examen du *Mesmérisme* avec M. *Mesmer*, mais avec M. *Deslon*. On ajoute que ce premier réclama en vain ; que sa voix ne put se faire entendre ; enfin, que le Journal de Paris insérait tout ce qu'on voulait contre cet étranger, et que le rédacteur, qui mettait *au panier* les notes de M. *Mesmer*, le livrait comme battu à ses lecteurs, puisqu'il ne répon-dait pas. C'est ce que l'on peut vérifier dans les mémoires publiés à cette époque.

On saura si M. *Mesmer* avait des motifs de se plaindre de trouver les journaux fermés pour lui, tandis que ses adversaires en disposaient librement ; s'il avait raison d'insister sur l'in-convenance qu'il y avait à demander des com-munications à M. *Deslon*, dont il désavouait l'enseignement ; s'il augmentait le nombre de ses partisans et de ses amis, en gémissant sur la forme d'enquête admise par les commissaires, et sur l'injustice des feuilles publiques. Cette recherche

est bonne à faire..... Un rapport parut. Il avait
été rédigé par *Bailly*. A la tête des signatures,
on lisait le nom de *Franklin*, dont la célébrité
devait donner de la force aux raisonnemens des
commissaires. Le public éclairé, en lisant ce
rapport et ses conclusions, n'eut pas de peine à
se convaincre que l'on voulait la proscription de
la doctrine de M. *Mesmer*. Il fixa son attention
sur un autre rapport, *fait isolément*, par un
commissaire qui se crut obligé de parler avec
la modération d'un sage, dans une affaire qui
pouvait intéresser l'humanité. Il y aurait eu de
la bonne foi chez les journalistes, s'ils avaient
fait l'honneur à messieurs les commissaires de
l'Académie des Sciences, de la Société royale
de Médecine, et de la Faculté, de dire que le
nom de M. *de Jussieu* ne nuisait point à l'éclat
des autres noms. Pourquoi se sont-ils permis
cette réticence? Assez instruits qu'un rapport
secret avait été fait pour éclairer la conscience
du Roi, ont-ils dû ignorer que M. *de Jussieu*
en publia un pour l'instruction des personnes

impartiales ? Lorsqu'on veut éclairer les amis de la science sur un point qui est en discussion, ne convient-il pas d'y mettre de la droiture et de la franchise ?

Mais je ne peux me livrer ici à l'examen de la conduite de ceux qui croient devoir faire des sacrifices à quelques convenances, caresser quelques passions, favoriser quelques intérêts. Mon intention est de me borner à exposer ce qui a été fait, à l'occasion du *mesmérisme*, et ce qu'on a pu faire avec le *somnambulisme*, qui, dans bien des cas, peut présenter un flambeau à ces hommes justement chéris dans la société, pour leur dévouement et leur infatigable courage ; et leur faire bénir une époque à laquelle l'art de conjecturer ne fera plus le tourment de leurs cœurs, tant de fois déchirés auprès du lit de leurs malades, par le doute et l'incertitude.

Il est donc vrai, va-t-on dire, que le *mes-*

mérisme qui a eu ses baquets, n'a plus, aujour-
d'hui, qu'un seul droit à notre reconnaissance ;
celui d'avoir préparé les expériences qui ont
fait connaître le *somnambulisme*. Il peut être
intéressant de savoir quelques-unes des parti-
cularités de cette transition de l'un à l'autre ; et
de connaître pourquoi, à l'occasion de quelques
phénomènes du second, dont parle M. *H.*
comme témoin, on s'est empressé de parler des
rapports qui condamnent les pratiques et les expériences du premier.

Les conclusions des commissaires, et le sentiment de beaucoup de personnes qui n'adop-
taient pas leurs avis, placèrent le gouvernement
dans cet état d'incertitude, où on ne blâme ni
n'approuve. Le rapport secret fait pour le roi,
fut seulement un sujet de plaisanterie, à quelques soupers des petits appartemens. Aucun
arrêt ne sortit du Conseil, pour proscrire la
personne de M. *Mesmer* et sa doctrine. La li-
berté de l'adopter multiplia les baquets : la

mode s'en empara : il était du bon ton de s'y abonner. Pour connaître ce qu'on y éprouvait, on peut, dans chaque famille, dans chaque société, trouver encore des personnes qui sauront en rendre compte. Il suffit de remarquer que la personne de M. *Mesmer*, seul, et isolé de tous baquets, en était un quelquefois très-actif. Les effets qu'il a produits lui ont attaché beaucoup de partisans, qui ne s'effrayèrent pas d'être, avec leur patron, sous la dénomination *des docteurs modernes*, une bonne fortune pour le théâtre sur lequel on laissa jouer le *mesmérisme*.

M. *Mesmer*, repoussé par l'académie des sciences, par la société royale de médecine, le fut avec plus d'éclat par la faculté. Elle fit un décret qui menaçait tout *fauteur* de la nouvelle doctrine d'être rayé du tableau, et, de plus, le privait de la faveur d'être admis à consulter avec aucun des docteurs. M. *Warnier* brava la défense. Le décret lui fut signifié ; il

en appela à la grand'chambre du parlement,
qui rendit un arrêt conforme au vœu de la faculté. Peu de confrères de M. Warnier osèrent
communiquer avec lui, parce que le même décret les menaçait de la radiation. La gravité
que MM. de la grand'chambre crurent devoir
mettre dans cette affaire, contribua beaucoup
à faire croire à la réalité d'une doctrine que
l'on proscrivait avec une solemnité qui avait
l'air de favoriser des intérêts particuliers. Le
public n'aima pas qu'on mît tant d'apprêts dans
la condamnation de la doctrine d'un étranger,
dont le caractère et le savoir lui gagnaient des
amis, et dont les expériences, faites dans l'in-
timité, avec plus de soin que les commissaires
n'en avaient mis dans les leurs, démontraient
des vérités inconnues. La curiosité s'anima;
les sarcasmes, les couplets, le décret et l'arrêt,
rien ne put l'arrêter.

Tel était l'état de fermentation des esprits,
que les sociétés se partageaient pour ou contre

le *mesmérisme*; on y discutait avec une viva-
cité remarquable. Les personnes qui étaient
persuadées que tout ne nous est pas connu
dans le vaste champ des sciences naturelles,
sollicitèrent M. *Mesmer* d'ouvrir un cours, et
d'y professer sa doctrine. Cent souscripteurs
furent admis : aucun d'eux ne répugna à contribuer à la fortune d'un savant auquel on devait des dédommagemens pour les contrariétés
mortifiantes qu'on lui avait fait éprouver. Cette
réunion se composa de personnes de toutes les
classes où l'instruction est un devoir ou un
délassement. Des militaires, des médecins, des
chirurgiens, des accoucheurs, des ecclésias-
tiques, des gens du monde qui aiment à offrir
au savoir le tribut de la richesse, se pressèrent
sur les bancs de l'école du docteur. Je ne dirai
pas quels furent les points de l'enseignement
donné à ses disciples. Sans communication avec
aucun d'eux; sans avoir jamais vu leur maître;
exempt de toute passion, qu'aurait animée
l'intérêt personnel, j'expose des faits, je n'en
discute aucun.

Les souscripteurs se séparèrent; l'un d'eux signala son zèle pour la doctrine de son maître, par son empressement à faire des expériences : il les publia. On n'osa pas dire qu'il était un imposteur : trop de considération entourait sa personne pour qu'on l'attaquât autrement que par des plaisanteries : mais on plaignait un militaire distingué de se livrer à des illusions. Réuni à un de ses frères ; il multiplia les expériences, se mit au-dessus des sarcasmes, et montra toujours le même zèle, le même courage, sans perdre un seul moment le calme d'une ame honnête, dont la sensibilité ne peut s'affaiblir par les oppositions. Tel a été M. *de Puységur* au milieu des sociétés. Il ne commandait point de croire sur parole; il invitait à voir et à tirer des conséquences qu'il ne se permettait pas d'indiquer.

Ce que faisait M. *de Puységur* à sa terre de Buzancy, le mit hors des rangs des disciples du docteur, et le plaça fort au-dessus des chefs de baquets, dont la faveur ne pouvait se soutenir devant les prodiges du *somnambulisme*. C'est de ce nom que l'on désigne un état inconnu, dans lequel des malades ont l'air de dormir , et que l'on appelle *somnambules* , parce qu'ils parlent comme le font les personnes désignées sous ce nom. Les mots *sommeil*, *dormir* et se *réveiller*, ont été adoptés par le même motif. Mais on peut dire de tous ces termes qu'ils sont impropres, et signifient mal ce qu'ils désignent, puisque les *Somnambules*, dans l'activité du *Somnambulisme*, assurent être alors dans le véritable état de veille ; et que l'ignorance dans laquelle ils retombent, lorsque cette activité cesse, est comparativement mieux nommée *sommeil*. Très-pressé de qualifier des phénomènes nouveaux, on eut besoin, pour en parler, d'adopter des dénominations connues ; on ne se donna pas le temps d'en emprunter qui seraient correctement significatives à la langue qui est d'un grand secours à la nomenclature des sciences et des arts.

MM. de *Puységur* n'étaient pas les seuls qui faisaient des expériences. D'autres élèves, sortis de la même école, les imitèrent. On vit paraître alors beaucoup de procès-verbaux de *Somnambulisme*. Les faits qu'ils publiaient parurent incroyables à ceux qui aiment mieux nier l'existence de ce qu'ils ne conçoivent pas, que d'avouer qu'il y a une infinité de découvertes à faire en physique. Cependant les personnes plus familières avec les phénomènes de la nature, crurent entrevoir dans le *Somnambulisme* que l'on nomma *magnétique*, la possibilité de faire quelques pas de plus en physiologie.

Cette découverte, postérieure à l'époque de la publication des rapports, n'a pu être frappée de la proscription des commissaires. Rappeler dans les journaux ce qu'ont fait ces Messieurs contre le *mesmérisme*, c'est remettre sous nos yeux les pièces de la condamnation de cet agent dont il est bon de remarquer qu'ils niaient l'existence ; mais, comme dans tous les rap-

ports,

ports, il n'est nullement question du *somnambulisme*, il est donc démontré que les journalistes ont prétendu commander au public une
opinion particulière sur la condamnation présumée du *somnambulisme*, par cette seule raison que les rapports proscrivent le *mesmérisme*.
N'est-ce pas de leur part une condescendance
réclamée par ceux qui ne veulent pas plus de
l'un que de l'autre? Est-ce le même motif qui
leur a fait garder le silence sur le rapport particulier que publia M. *de Jussieu*? Ce travail,
d'un savant distingué, mérite une attention particulière. L'oubli dans lequel on veut l'ensevelir
ne le rend que plus digne d'être recherché. On
y lira avec intérêt l'opinion d'un homme prudent,
qui ne s'est laissé influencer par aucune considération étrangère aux devoirs d'un commissaire qui a voulu examiner d'abord, et prononcer
ensuite.

Les phénomènes du *somnambulisme* ont été
si multipliés, que les procès-verbaux qui les ont

publiés, tiennent une place remarquable dans les cabinets des curieux. Ces pièces donnent les détails des cures de différentes maladies : c'est sous ce point de vue que la faculté d'être *som-nambule* devait être considérée. En effet, c'était par des succès que cette découverte pouvait intéresser la société ; confondue dans l'opinion générale avec ce qu'on nommait le *mesmérisme,* elle ne paraissait point aux yeux du vulgaire exempte du *ridicule* dont l'autre avait été couvert. Éviter le *ridicule* est une des lois de la société : on veut y paraître soumis.

Cette doctrine se soutint en activité pendant plusieurs années..... Il s'en passa quelques-unes pendant le cours desquelles ceux qui suivaient les progrès du *somnambulisme* crurent inutile ou périlleux d'en parler.... En 1806, la curiosité fut réveillée par un anonyme qui publia un ouvrage intitulé: *Du Fluide universel , de son activité , et de l'utilité de ses modifications par les substances animales dans le traitement des maladies.* L'auteur l'a dédié aux étudians qui suivent les cours des sciences naturelles. (Je ne parle pas de ce qui a pu être publié sur cette matière par les étrangers). Parut ensuite, sous le nom de M. *Bouys*, professeur dans un département, le livre intitulé : *De la Faculté instinctive de l'Homme*, etc. M. de Puységur reprit la plume, et publia de nouvelles expériences : il en fit à Paris, sous les yeux des savans, qu'il n'a désignés que par les lettres initiales de leurs noms. C'est à lui que l'on a l'obligation, sans doute, d'avoir provoqué les journalistes à rompre le silence qu'ils ont gardé sur les autres ouvrages. M. *H.* doit partager notre reconnaissance : ses plaisanteries, sa demi-conversion, ont éveillé l'attention du public, qui doit aujourd'hui désirer quelques notions sur une matière qui intéresse au moins la curiosité.

Qui aurait dû les lui présenter ? Ceux qui ont sa confiance, et qui, pour l'obtenir, se sont

livrés à l'étude de l'art de guérir et à la recherche
de tous les moyens que la nature n'a pas dû re-
fuser au soulagement de nos maux. De toutes
parts on leur a dit : Rendez-nous compte des
phénomènes du *somnambulisme*. Leur réponse
est-elle toute entiere dans les journaux qui, pour
frapper ce dernier, nous remettent sous les yeux
les conclusions des rapports des commissaires,
qui crurent devoir nier l'existence de *l'agent
mesmérien*, et ensuite le condamner ? S'ils le
prétendent, c'est éluder la question. On leur a
demandé des éclaircissemens sur une nouveauté
en physiologie ; ils n'ont pas voulu les donner:
toute leur réponse est-elle dans ce peu de mots :
Cela est impossible, cela est absurde ? Mais
les faits se sont multipliés ; la curiosité veut être
satisfaite ; elle est devenue plus pressante.

Les papiers publics nous ont informé que dans
quelques villes de l'Allemagne on multiplie des
expériences pour savoir, enfin, à quoi s'en tenir
sur une pratique qui, si elle peut être utile, ne

doit pas rester sous l'anathême. Des savans étrangers ont donc eu le courage de se réunir pour donner un exemple de dévouement, et nous prouver qu'il n'y a aucune question oiseuse pour quiconque étudie l'art de présenter un remède à nos maux. La France n'a pas de réunions qui se proposent de publier des résultats d'expériences. Ceux qui pourraient communiquer les lumières qu'ils ont acquises, travaillent isolément à s'en procurer de nouvelles ; ils remettent au temps à préparer l'époque qui sera signalée par de plus grands succès que ceux qu'ils obtiennent.

Lorsque le *somnambulisme* a été connu en France, on a dû penser que la faculté d'être *somnambule*, nouvellement découverte, n'avait pas été réservée aux malades qui allaient demander quelque soulagement à M. de Puységur ; que dans le cours des siècles antérieurs à la fin du dix-huitième, elle a dû exister ; et que la barbarie et l'ignorance, ou n'ont pas permis la succession de ses développemens, ou qu'elles ont empêché que la connaissance en parvînt jusqu'à nous. On a dû dire encore que la faculté de produire sur des malades le phénomène du *somnambulisme*, ne devait pas être réservée à M. *de Puységur* seul, et aux arbres magnétisés par lui dans la cour de son château de Buzancy. Ainsi, la curiosité non-seulement se fixait sur cette nouveauté, mais encore elle aurait voulu se satisfaire sur ce que l'antiquité avait pu connaître et nous transmettre du *somnambulisme*. L'histoire des peuples éclairés, et qui cultivèrent les sciences, ne nous apprenant rien de positif à cet égard, on s'intéressa beaucoup à ce qui se faisait, sans penser davantage à ce qui avait pu être fait. Le même intérêt se ranime aujourd'hui; c'est pourquoi je crois nécessaire de vous prémunir contre toutes les exagérations du dédain ou de l'enthousiasme, en vous parlant du *somnambulisme*.

La faculté d'être *somnambule* paraît être particulière à un petit nombre de personnes. Si elle est propre à toutes , il faut des circonstances déterminées pour la développer : en général , c'est dans l'état de maladie qu'elle se manifeste. Il est prouvé que l'analogie est indispensable entre la personne qui tente de faire un *somnambule*, et celle qui se soumet à cette épreuve. L'analogie doit s'entendre de la relation ou du rapport physique qui existe entre l'une et l'autre, ou de ces convenances dont l'effet peut être facilement aperçu dans la société, lorsque le mécanisme de ce rapport agit , et se fait connaître par une sensation purement organique et indépendante de tout sentiment sur les qualités morales d'une personne, que l'on voit pour la première fois.

Ce que l'on a nommé *agent magnétique*, ou originairement *mesmérisme*, aurait moins choqué les physiciens, moins paru faire exception aux lois de la nature, si la direction et l'activité de cet agent avaient été considérées ce

qu'elles sont réellement, c'est-à-dire, reconnues comme une de ces lois et la plus uni-
verselle.

Si je me sers des dénominations d'*agent magnétique* ou *mesmérisme*, je dirai que sa transmission d'une personne à une autre produit le
somnambulisme, si cette dernière est suscep-
tible d'éprouver ce phénomène. Mais ces dénominations, consacrées par l'usage, tiennent lieu
de celles qui signifieraient mieux et plus clairement ce qu'elles indiquent. On s'est empressé de
les adopter, parce que l'on a cru voir de la res-
semblance entre les effets de cette transmission
et ceux de la pierre d'aimant : l'empressement
à saisir une nouveauté et à s'occuper d'elle, a
fait employer différens moyens pour multiplier
les expériences, dont quelques-unes furent faites
avec des baguettes de fer et des bâtons de soufre.
L'usage de ces instrumens, dont la matière appartient au règne minéral, a peut-être contribué
à conserver le nom de *magnétisme* au *mesmé-*

risme. Cependant , pour ne pas le confondre tout-à-fait avec le minéral , et parce que cet agent était mis aussi en activité par les substances animales, ce qu'on appelait *mesmérisme* prit encore le nom de *magnétisme animal.*

L'auteur du livre intitulé : *Du Fluide Universel*, etc., cité ci-dessus, expose quelques idées dignes d'attention sur la théorie présumée de ce *magnétisme.* Il le nomme modification du *Fluide Universel* , et non pas fluide magnétique , comme on appela depuis Fluide galvanique le galvanisme. Il n'y a , dit-il , qu'un *seul fluide :* il le nomme *universel.* Ce fluide pénètre toutes les substances des trois règnes dans lesquels est classé tout ce qui est matière, ou animale , ou végétale, ou minérale. Son activité dans chaque règne est désignée sous le nom de modification. Ainsi la modification dans les substances animales, et par elles, serait confusément indiquée par l'expression *magnétisme*, parce que nous reportant à l'idée de l'aimant, et au mécanisme de son action par un minéral, elle nous éloigne de la précision qu'il convient d'employer pour qualifier une action, et une modification qui sont faites par des substances animales. En conservant à ce système ce qu'il peut avoir de probable, on pourrait dire que l'action de transmettre ce qu'on appelle *magnétisme* à une personne, que l'on veut mettre dans l'état de *Somnambulismes*, est la *modification du fluide universel* faite par une substance animale, en faveur d'une autre : expérience qui peut réussir, s'il y a de l'analogie entre les deux ; et si la dernière est dans la classe des personnes susceptibles d'être *somnambules* (1).

Comme je l'ai dit plus haut, une des loix gé-

_____

(1) On voit, par la date de la publication de cet ouvrage (1806), que l'auteur a, le premier, réveillé l'attention des physiologistes sur le *magnétisme*, après les temps d'orages ; et que, pour répondre à l'appel fait par l'autorité aux sciences et aux arts, il a dédié son travail aux jeunes gens qui se destinent à cultiver

nérales de la nature, c'est le mouvement du
fluide universel : il est fâcheux qu'à l'époque
où M. *Mesmer*, repoussé par les médecins de
Vienne, est venu pour trouver des encouragemens auprès de ceux de Paris, on ait pensé que
ce docteur nous venait apporter la connaissance
d'une propriété qui lui était particulière. On se
serait mieux entendu en disant que M. *Mesmer*
pouvait nous dévoiler le mécanisme d'une *modification du fluide universel*. Avec cette méthode que favorise le système de *Newton*, on
eût marché plus sûrement du connu à l'inconnu.
Mais ce qui embrouilla le plus les idées sur
cette nouveauté, c'est que l'appareil du baquet

---

utilement les premières, et qui pourront un jour favoriser leurs progrès. On doit lui savoir gré d'avoir beaucoup fait sentir que ceux que pouvait faire cette découverte dépendaient de la manière de régulariser la pratique et l'emploi des moyens. Il a, de plus, consacré
un chapitre, dans lequel il démontre suffisamment
que les médecins doivent être les *magnétiseurs*, ou du
moins surveiller les traitemens *magnétiques*.

se composait de substances des trois règnes, le
bois, le verre, le fer, le sable, l'eau, les cordes
de chanvre pour faire la chaîne, et le magnétiseur. On doit remarquer, à ce sujet, que ce
mélange de substances ne valait pas la simple
modification du fluide, par laquelle l'expérience nous a appris que se produit mieux le
somnambulisme ; parce que le moyen le plus
simple, et avoué par la nature, n'était pas em-
ployé, celui de *transmission du fluide universel* par les substances animales. C'est par
elles que l'on obtient généralement un phénomène, qui ne nous paraîtra point extraordinaire,
lorsqu'on voudra se persuader que, dans l'immensité des trésors de la nature , il y en a
qui sont cachés pour nous. La découverte dont
nous parlons était de ce nombre. Déjà le voile
qui la masquait, commence à se soulever. La
curiosité s'anime dans la société : elle peut s'y
fortifier par des succès.

En effet , cette découverte n'a pas besoin

d'autres encouragemens : c'est par elle que l'on reconnaîtra une *médecine domestique*, et, pour ainsi dire, de famille. En admirant la simplicité des moyens de nous débarrasser des maux, dont les causes sont ou ignorées, ou imparfaitement connues, nous serons convaincus que, sujets à une foule d'infirmités, nous avons une espérance fondée de trouver leurs remèdes. Le *somnambulisme* serait donc un flambeau, à la lumière duquel l'art pourrait marcher avec plus d'assurance, et ne plus redouter de trop funestes erreurs. C'est la conséquence que l'expérience tirera de la lucidité des *somnambules*. On pourra y ajouter celle-ci : donc ceux qui professent l'art et ceux qui l'exercent, doivent s'emparer de cette nouveauté ; mais le décret de la faculté subsiste ; on prétend rendre commune au *somnambulisme*, qui était inconnu alors, et dont on ne pouvait parler, la condamnation du *mesmérisme*, sur lequel était lancé l'anathème. C'est en confondant aujourd'hui deux choses très-

distinctes, que l'on veut diriger l'opinion dans
la société. Depuis que M. *H.*, devenu, sans
doute, beaucoup moins incrédule, a demandé
des expériences sur un fait particulier, on n'a
entendu que des réclamations de la part de ceux
qui ne veulent point admettre la possibilité de
répondre par des faits à son défi.

Ce n'est point assez que plusieurs journaux
aient parlé des rapports des commissaires; le
rédacteur en chef de la Gazette de Santé, es-
père aussi tirer de cette pièce beaucoup de parti
contre le *somnambulisme*. Il l'indique assez
clairement, en annonçant les nouveaux coups
qu'il va porter au *magnétisme*. Il parle même
d'une autre pièce très-peu connue qu'il va produire (1).

_____

(1) M. de *Montègre* a publié sa brochure. Son empressement à se maintenir dans la classe des journalistes, ne lui a pas permis de faire usage de ses connaissances acquises sur cette matière. On ne fera pas

Dans toute cette affaire, on peut se permettre une observation qui frappera les lecteurs sans préjugés et sans passions. Les commissaires chargés de prendre des renseignemens sur la doctrine de M. *Mesmer*, l'ont condamnée sans l'entendre, mais seulement d'apres les communications qu'ils eurent avec *Deslon :* aujourd'hui on veut faire servir la condamnation du *Mesmérisme*, tel qu'il était alors, au *Somnambulisme*. Cette manière de distribuer la justice est fondée sur une singulière jurisprudence. Elle ne peut être admise, au moins, sans quelque réclamation. Ne doit-on pas récuser des juges qui motivent aussi mal leurs arrêts. Ce ne sera donc point devant eux qu'il faudra produire les titres d'une doctrine, dont ils ne veulent pas discuter les avan-

------

le même reproche à M. *de Leuze* qui vient de publier *l'Histoire critique du magnétisme*. Ce modeste savant, parvenu à l'âge où l'on médite, a suffisamment répondu à l'auteur de la *Gazette de Santé*.

tages, et contre laquelle ils ne veulent prononcer que des condamnations. C'est aux personnes impartiales qu'il convient de s'adresser. Dépouillées de tout intérêt personnel, elles pourront former une opinion raisonnable dans la société, qui, fatiguée de débats dont elle se soucie fort peu, a besoin de voir la vérité, et a les moyens de la connaître, sans le secours des savans qui disputent.

La faculté d'être *Somnambule*, dans le sens où je prends ici ce mot, est-elle commune à tous les sujets? ou est-elle un privilége réservé à quelques-uns?

Il est démontré jusqu'à présent par les épreuves faites sur beaucoup de personnes malades, qu'elles ne sont pas *somnambules*.

Mais, dira-t-on, s'il y a des exceptions, pourquoi les personnes qu'elles frappent sont-elles privées de cet avantage?

II

Il en est, probablement, de cette faculté, ainsi que des talens, qui, comme des dons réservés à certaines personnes, servent à lier par la reconnaissance les membres de la société qui, par des besoins, des services réciproques, se constitue une seule et même famille.

Le *somnambulisme*, considéré sous ce rapport, peut être dans la famille une sorte de ministère de bienfaisance ; un moyen de distribuer à ceux qui la composent, une faveur dont les avantages sont de balancer, au moins, le poids des maux qui affligent l'humanité, en indiquant des remèdes préparés par la nature. Ce serait donc à juste titre que l'on nommerait médecine domestique, et de famille, une doctrine dont les avantages se rencontreront dans une réunion de parens ou d'amis, parmi lesquels peut se trouver un ou une *somnambule*.

Ces avantages sont consignés dans la multitude des procès-verbaux publiés par les per-

C

sonnes qui ont cru devoir rendre compte de leurs expériences, afin d'engager à en faire de nouvelles, et à les constater de la manière la plus authentique. Depuis que toutes ces pièces ont été livrées à l'impression, et répandues dans le public, il y a plus de vingt-cinq ans, on a continué de faire des *somnambules*. Ces nouveaux succès ont alarmé les incrédules; et ils s'empressent, aujourd'hui, de réchauffer les anathêmes contre le *mesmérisme*. On ne saurai trop le répéter, c'est dans l'arrêt dirigé contre celui-ci qu'ils s'acharnent à démontrer la proscription d'une doctrine dont ils veulent, mais en vain, masquer la prééminence sur l'art incertain des conjectures.

Je ne peux dire, ici, quelles sont les causes de l'intelligence et de la sagacité des *somnambules*: il suffit de considérer leurs effets. Le *somnambule* malade s'occupe de ses maux, cherche à connaître le principe et la nature des humeurs viciées, qui les produisent. Pour y parvenir, il examine quelle est sa constitution, et son tempérament. Cette connaissance lui paraît indispensable, pour qu'il puisse bien saisir l'analogie qui peut exister entre son sang, ses humeurs, et les substances dont il composera les médicamens qu'il se prescrira. Ceux-ci seront toujours choisis dans le règne végétal. Leur composition et leur mélange combiné seront très-simples. Une explication claire des propriétés des plantes, de leurs racines vertes ou sèches, de leurs tiges, de leurs feuilles, de leurs fleurs et de leurs graines, est ce qui peut le mieux fortifier l'opinion que les végétaux nous offrent les remèdes à employer dans nos maladies. On a vu plusieurs femmes *somnambules*, du nombre de celles qui ont étudié la botanique, dire qu'un des avantages du *somnambulisme* sera de connaître quelles sont les vertus de chaque plante, et l'emploi que l'on doit en faire dans le traitement des maladies. Ainsi la botanique, déjà riche d'une nomenclature qui est un bon guide dans une étude attachante, le deviendrait davantage par des notices très-précises sur les qualités de chacun des végétaux qui se multiplient sous nos pas. Cette science offrirait alors à la médecine des secours dont elle ferait une application toujours juste.

Mais, dira-t-on, l'art de guérir s'est assez perfectionné par l'expérience, pour que nous reconnaissions dans ceux qui l'exercent avec succès, la science suffisante pour la juste application des plantes, et pour leurs mélanges. Nous savons qu'une longue habitude a inspiré cette confiance à l'égard des végétaux, dont l'usage est fréquent en médecine : mais nous apprenons par les *somnambules*, qu'il y a une multitude de plantes à ajouter à celles dont l'usage est le plus fréquent, et que ces plantes ne sont ni désignées, ni recueillies, ni conservées. Nous les entendrons raisonner sur l'inconvénient d'unir, comme l'habitude le permet, divers végétaux dont les propriétés s'affaiblissent, ou se détruisent par les mélanges. Souvent on

les entendra demander qu'on les conduise où
ils connaîtront ceux que la terre ne produit pas
partout, et dont l'emploi est nécessaire.

La préférence que les *somnambules* donnent
aux médicamens fournis par le règne végétal ;
la certitude que ses productions ont cette des-
tination particulière , ne leur permettent pas
l'indication ni l'usage des médicamens tirés du
règne minéral, sauf quelques exceptions ; par
exemple , celle en faveur de l'émétique : en ce
cas, elles en règlent, et pour elles-mêmes et pour
les autres, les secousses ; les arrêtent à temps, et
en calment les effets. Mais, avant de prescrire ce
vomitif, elles ont pris des précautions qui détruisent toute crainte d'irritations trop vio-
lentes. Si le malade est nerveux, par exemple,
l'émétique sera donné dans une infusion de
feuilles d'oranger, ou dans telle autre convenable , selon les circonstances. Cependant ils
le préfèrent à l'ipécacuanha, par la raison qu'il
est moins facile de dissoudre la résine de celui-

ci par l'eau tiède, même bue avec abondance.
Dans le cas d'une attaque d'apoplexie d'humeur,
ou de paralysie, ils jugent qu'il est urgent
d'administrer l'émétique ; mais ils assurent qu'un
sujet menacé de ces maux, et soumis à leur sur-
veillance, aurait trouvé, antérieurement à l'attaque, des moyens de l'éviter, en faisant usage
d'un préservatif indiqué.

Le discernement des *somnambules* se remarque constamment dans un état absolument
nouveau pour nous, et dont les phénomènes
nous paraissent en opposition avec toutes les
idées reçues. Cet état paraît si extraordinaire,
que la confiance dans l'intelligence des *somnambules* ne peut s'établir chez les personnes
qui n'ont d'autres raisons à donner de leur opposition que l'impossibilité d'admettre ce qu'ils
ne conçoivent pas. Mais combien de phénomènes de l'existence desquels nous ne doutons
pas, sans connaître leurs causes. Qui peut
rendre compte, par exemple, de l'action de la

volonté sur le mouvement en général, et parti-
culièremeut sur celui d'un pied ou d'un bras,
plutôt que d'un autre. L'habitude nous rend
indifférens sur un des plus grands prodiges de
la nature ; c'est l'habitude qui nous familiari-
sera avec ceux du *somnambulisme ;* on pourra
l'acquérir lorsque les préjugés et les préventions
auront perdu l'influence qu'ils ont dans la société. En attendant une époque plus favorable
à une découverte utile, que le mystère couvre
donc son activité ; que les expériences se fassent
et se multiplient sans éclat , et que la confiance
naisse du besoin connu de soulager ceux qui
souffrent, et de leur donner des médicamens que
la nature indique, et dont l'art pourra s'enri-
chir.

Le *somnambulisme* ne borne pas ses bienfaits aux personnes qui ont cette faculté, il les
étend à d'autres. Sous ce rapport, il est un lien
de plus dans la société ; il enchaîne par la reconnaissance ceux qui doivent leur guérison aux
traitemens qui leur ont rendu la santé.

Mais, dira-t-on, en admettant, dans les *som-nambules*, la faculté de connaître le principe de leurs maux et les remèdes, comment leur accorder celle de pouvoir être aussi utiles aux autres qu'à eux-mêmes ? La réponse à cette question sera infiniment courte et satisfaisante dans la bouche d'un *somnambule*. Pour en donner une idée, il faudrait entrer dans des détails qui seront mieux écoutés qu'ils ne pourraient être lus, lorsque l'intelligence des *som-nambules* et leur précision donneront de la force à leurs raisonnemens, et démontreront leur méthode en établissant une discussion.

J'ai dû ne m'en permettre aucune relativement à une faculté qui existe, et dont on ne peut plus aujourd'hui contester l'activité, puisque c'est à son existence reconnue que l'on veut appliquer les condamnations prononcées contre le *mesmérisme* et ses baquets, par les commissaires, dont on veut que le jugement frappe ce qui n'était pas connu à l'époque où il fut porté.

Mais si le *somnambulisme* n'était qu'une chi-
mère, pourquoi cet empressement d'écrire contre
ce qui n'existe pas ? Si c'est un délire de croire
à sa réalité, laissez l'opinion publique, formée
par l'expérience, en faire justice. On ne croit
pas à ce qui est démontré mensonge ; on éloigne
de soi ce qu'il est dangereux d'en approcher ;
on proscrit ce qui fait mal ; enfin, l'oubli finit
par couvrir ce qui ne peut intéresser la société.
N'est-ce pas une mal-adresse de vouloir marquer
du sceau de la réprobation une découverte dont
chaque famille, chaque société peut, dans son
sein, vérifier les titres et éprouver les bienfaits.
Si la nature a voulu que cette faculté précieuse
compensât les maux qu'entraîne la sociabilité ;
si les siècles de lumière voient se rallumer un
flambeau que l'ignorance des temps antérieurs
avait étouffé ; si l'art de traiter nos maux se
simplifie et prend la direction qu'il doit avoir,
qui pourra élever devant le cours de la nature
une barrière qu'elle ne puisse franchir ? Qui ?
les gens de l'art, dira-t-on, dont les devoirs

sont d'éclairer le public sur ce qui est bon, sur ce qui est nuisible. La circulation du sang qu'ils ont été si long-temps à combattre, n'a-t-elle pas triomphé de leur refus de l'admettre ; et l'histoire des vérités physiques repoussées, n'est-elle pas une preuve que, souvent, en disant qu'on met de la gloire à reculer les bornes de la science, on met bien de l'amour-propre à la resserrer dans le cercle où on s'est placé ?

Cette simplicité qui caractérise les plus beaux mouvemens produits par la nature, commande l'admiration, lorsqu'on voit surtout la personne la moins instruite, devenue *somnambule*, donner des notions exactes sur ce qui lui est personnel relativement à sa santé, et s'occuper ensuite des personnes qui l'intéressent. C'est ce phénomène qui bouleverse toutes les idées. Comment admettre des connaissances en physiologie dans quiconque n'a pu les acquérir par l'étude ? Il fallait, avant d'écrire contre l'existence de cette faculté, que les antagonistes de cette découverte se donnassent la peine de faire seulement la millième partie des expériences qui sont consignées dans les procès-verbaux publiés par ceux qui ont eu le courage et la patience de s'intéresser au *somnambulisme*. Ils ont été en butte aux plaisanteries ; ils s'en consolent par un peu de bien qu'ils ont fait, et par l'espoir d'en faire davantage.

Si la destinée de cette découverte est d'être encore incertaine dans la société, c'est que l'amour du bien n'a ni l'exaltation, ni l'enthousiasme de l'égoïsme : ceux qui désirent que ses bienfaits se multiplient, agissent bien plus qu'ils ne parlent ; s'ils offrent la facilité de voir des expériences, ils conseillent de s'arrêter aux faits ; et si les épreuves sont heureuses, ils croient que des succès ont, en faveur de la conviction, une toute autre force que celle que les dissertateurs prétendent employer dans leurs raisonnemens.

Laissons agir une puissance qui sait tout

vaincre : elle a triomphé des résistances de
ceux qui ne voulaient pas de la circulation du
sang, ni de la fixité du soleil. Près de cette force
colossale, tout est pygmée : la nature ne s'offense
ni des doutes, ni même de l'incrédulité; elle
sait rendre faciles tous les moyens de conviction, quelles que soient les tentatives des personnes qui sonnent l'allarme en remuant les dé-
combres qui couvraient les rapports, ou publics
ou secrets, des commissaires qui ne pouvaient
parler du *somnambulisme,* alors bien inconnu.

Le seul effet de l'inquiétude et de l'agitation
de ces écrivains, sera de placer dans un état
d'hésitation, les amis de la science, qui, voulant
faire des expériences, croiront applicable au
somnambulisme le dénigrement dont on a couvert le *mesmérisme,* et qui redouteront le ridicule : mais qu'ils se rassurent; les pointes du
sarcasme s'émousseront : des plaisanteries répé-
tées perdent leur force. Au reste, il a toujours
été curieux, dans l'histoire de l'esprit humain,

de comparer les époques marquées par des résistances aux progrès des sciences : il ne l'est pas
moins aujourd'hui de voir ce que l'on essaie pour
affaiblir quelques efforts faits en faveur d'une
découverte qui soulève lentement, mais d'une
main assurée, le voile qui la couvrait. L'observateur attentif affermit son opinion ; il sait que,
dans tous les temps, l'empire de la raison n'a pu
s'établir qu'au bruit des oppositions et des dis-
putes. Lorsque la science n'avait pas d'autre
asile que les écoles, c'était là qu'on disputait :
à présent que les lumières se sont étendues dans
la société, les discussions s'annoblissent dans les
cercles et dans les *salons ;* on lit, et on finit
par raisonner.

C'est avec calme, sans passion, et surtout sans
enthousiasme, qu'il faut juger une découverte
qui promet à la société de grands avantages. Les
expériences FAITES SOUS LES YEUX D'UN BON
GUIDE, ET AVEC TOUTE LA PRUDENCE que
l'on doit mettre aux choses importantes, multi-

plieront les motifs de la confiance ; elles se réu-
niront à celles qui ont été faites depuis vingt-cinq
ans , et contribueront à l'affermissement d'une
doctrine qui est un des plus grands bienfaits de
la nature.

Mais il faut que ces expériences NE SOIENT
PAS TENTÉES PAR UNE VAINE CURIOSITÉ , et
qu'elles aient pour objet de rendre à la santé le
malade qui souffre.

On a plaisanté sur ces deux mots de M. *de
Puységur, croire* et *vouloir*. Il y a autant de
légèreté dans le reproche que renferme la plaisanterie, que de raison dans le conseil adressé
à toute personne qui veut tenter une épreuve.
Mais il faut ajouter que VOULOIR doit passer
avant CROIRE : la foi ici ne se forme qu'après la
volonté.

Dans le cours d'un traitement, il peut se présenter quelques phénomènes qui sembleront

étrangers aux soins à donner à la santé. La personne *somnambule* pourra répondre aux observations qui lui seront faites à cet égard ; mais,
on ne le répétera jamais assez, il faut que les
avantages du *somnambulisme* soient consacrés
au soulagement des maux qui affligent l'humanité. On se rendra indigne du bienfait en voulant donner une autre direction à l'activité du
somnambule. Ne suffit-il pas de trouver en lui
un guide pour le traiter lui-même, et, *peut-être,*
assez de lumières qui seront utiles à d'autres ?
Faisons d'abord le bien, dont la possibilité est
démontrée ; laissons au temps à nous préparer
les moyens de faire de nouveaux efforts. N'est-il
pas déjà assez satisfaisant de voir la facilité avec
laquelle s'écroule, en présence du *somnambulisme,* tout cet échafaudage d'objections faites
contre une découverte, qui devait avoir le sort
des nouveautés en opposition avec les idées reçues que respectent les écoles ?

Il y aurait de l'injustice, sans doute, à blâmer

les motifs de l'hommage que rendent à la doctrine qu'on y enseigne les hommes distingués
qui en sont sortis ; dont la science, acquise par
le travail et la méditation, profite à la société,
qui compense, par l'estime et la reconnaissance,
les peines, les fatigues et les veilles, dont le
motif a été de trouver quelques soulagemens aux
maux de l'humanité, et dont une des récom-
penses les plus flatteuses est dans l'opinion des
corps savans qui admettent à partager des distinctions honorables, et qui désignent ainsi aux
contemporains des modèles, et à la postérité des
bienfaiteurs. Mais, en faveur de ceux qui aiment
à voir s'agrandir le cercle de nos connaissances,
n'est-il pas permis de dire qu'il était convenable
de ne point laisser dans le vague l'opinion de la
société ; qu'il appartenait aux savans de la diriger ; de ne point attendre qu'on leur offrît des
expériences ; de faire quelques pas pour les
chercher ; de démontrer, enfin, par des faits
fortifiés, pour ainsi dire, de leurs noms, qu'il
était peu convenable de confondre deux choses
très-

très-distinctes, les condamnations prononcées
par les commissaires contre *l'agent mesmérien*,
dont cependant ils niaient l'existence, et les
phénomènes du *somnambulisme*, qui n'ont été
connus qu'après l'éclat de la foudre qui frappa
le *mesmérisme*. En vain voudraient-ils opposer
à ce vœu généralement prononcé, que leur condescendance serait une faiblesse, que des hommes
investis d'une considération dont le public, qui
l'accorde, a droit de demander compte, ne
peuvent pas se permettre, dans le cours de leurs
travaux, une distraction qui les exposerait au
désagrément d'émettre une opinion non encore
consacrée dans l'école, et flétrie par le persifflage de l'insouciance ou de l'ignorance : les
personnes impartiales verront dans ces oppositions une pusillanimité qui s'accorde mal avec
l'idée qu'elles ont pu prendre d'un dévouement
annoncé comme sans bornes au service de l'humanité. La postérité, moins indulgente, ne
confondra-t-elle pas ces maîtres dans la science,
avec ceux auxquels nous faisons le reproche

D

d'avoir, jadis, repoussé des vérités reconnues
aujourd'hui, et qui, en faisant bénir la mémoire de
ces génies que l'erreur a persécutés, nous rappel-
lent l'entêtement des persécuteurs, sans même
éveiller notre mémoire sur leurs noms repoussés
avec obscurité vers les siècles d'ignorance ?

Que la crainte d'un jugement aussi sévère
balance donc celle de s'exposer au ridicule, et
de perdre, un moment, dans l'opinion, bien
moins que ce qu'ils paraîtront gagner en courage auprès des amis des sciences utiles, dont
le suffrage équivaut à tous les titres, à toutes
les distinctions. J'avoue que, placés sur les
chaires d'enseignement, les savans ont besoin
de développer une grande énergie, et de mon-
trer un grand caractère, pour prendre l'attitude
d'examinateurs et de juges d'une doctrine généralement repoussée par les corps enseignans :
mais qu'ils conviennent donc aussi qu'il y a,
sinon de la lâcheté, au moins de la faiblesse à
laisser l'inexpérience faire très-incorrectement,

et avec danger, des épreuves qu'ils feraient eux-mêmes avec le calme et la prudence, qui font évanouir les illusions produites par l'enthousiasme, et qui en détruisent le prestige.

Ce sera une époque remarquable que celle où les efforts se renouvelleront pour constater par des expériences, la vérité des faits publiés dans les procès-verbaux de cures tentées, ou faites par le *somnambulisme*. La curiosité s'animera ; on voudra multiplier les épreuves ; on risquera de les rendre incomplètes, ou peu satisfaisantes, en prenant pour du zèle une précipitation, qui ne trouvera pas même son excuse dans le sentiment qui fait partager les maux de tout être souffrant, et qui donne de la force au désir de les guérir, ou au moins de les soulager. Si les savans, forts de l'expérience qu'ils auront acquise en s'initiant eux-mêmes par des épreuves bien faites et des succès, ne deviennent pas les guides dont la société ne peut se passer, dans une pratique importante, la défaveur couvrira

D 2

le *somnambulisme*, et l'on verra s'épaissir le nuage dont le ridicule l'avait déjà enveloppé. Les insoucians se renfermeront dans leur apathique nullité : les amis de tout ce qui peut être utile aux hommes gémiront dans le silence : les opposans aux progrès de cette doctrine croiront leur triomphe assuré : mais le philosophe, qui a, sans le secours du *somnambulisme*, la *lucidité* et la *prévision* de la sagesse, élancera dans l'avenir sa pensée, et bénira la génération destinée à profiter d'un bien qui compense le poids des maux attachés à l'humanité.

Paris, août 1813.

DEPUIS deux mois, on a beaucoup parlé des expériences qui ont été faites, pour démontrer la réalité du *somnambulisme*. Les curieux qui ont été les voir n'ont pas été satisfaits. Si, en les faisant, on a eu l'intention de convaincre les incrédules, c'était un motif plausible : mais le désir d'augmenter le nombre des amis de cette découverte ne suffit pas : il y aurait eu plus d'adresse à faire un choix parmi les savans mécréans. Faire des conversions éclatantes valait mille fois mieux que de gagner à la foi magnétique des personnes qui ne sont point exercées à se rendre compte de la multitude et de la variété des phénomènes physiologiques. Il a paru que pour proclamer l'existence de celui dont je vous entretiens, il ne fallait qu'obtenir l'agrément d'être admis dans une séance publique d'un corps savant, d'une faculté de médecine, par exemple, et y trouver la chance heureuse d'un ou de plusieurs *somnambules*. Imaginez-vous être un des assistans, et voir un *magnétiseur* bien exercé, ne disant pas un mot, choisissant, de l'œil, dans les personnes les plus susceptibles, un sujet.... Le *somnambule* est fait : il parle ; on l'écoute : son titre favorise et fixe l'attention : le procès-verbal constate le fait : c'est dans le sanctuaire

de la science que s'est passé un acte, dont l'au-
thenticité se fortifie par tout ce qu'a dit M. le
docteur.

N'allez pas croire, je vous prie, que le savant
aura maudit la découverte. Je pourrais vous ci-
ter des faits à l'appui de cette vérité, qu'un
docteur met de côté sa science acquise, pour
n'en pas suivre opiniatrement les principes. Je
ne vous parlerai, dans l'instant, que d'un seul.
Mais avant de satisfaire votre curiosité, il faut
vous dire que l'envie de faire des épreuves est
partout où on parle de celles qui ont été mal
faites, et où on a l'espoir d'obtenir plus de
succès. Tel se vante d'avoir fait déjà vingt ou
trente *somnambules*, parce qu'il en a trouvé la
susceptibilité, sans savoir que cette faculté ne
se développe bien que pour la nécessité, et non
pour une vaine curiosité : je veux dire que cette
faculté ne doit être provoquée que chez un malade ; que c'est dans ce cas seulement qu'il est
louable, utile, indispensable de faire des *som-*

nambules. Il faut espérer que quelques instructions données aux faiseurs d'épreuves auront cal-
mé leur ardeur, et posé une barrière devant leur
pétulante curiosité. On peut même y compter ,
puisque cette jeunesse animée du désir d'ap-
prendre est fidelle au vœu qu'elle a dû faire en
recevant des diplomes, de chercher à agrandir
le cercle des connaissances acquises dans les am-
phithéâtres et dans les écoles. Leur zèle doit être
encouragé : qu'ils lisent donc les ouvrages qui
peuvent les éclairer. Il faudrait qu'un libraire ,
ami des sciences, fît choisir par une personne
exercée, les procès-verbaux qui contiennent les
cures faites par le *somnambulisme*, et les réunît
pour l'usage des jeunes médecins.

Il est probable qu'il leur est réservé de proté-
ger une découverte dont ils sont destinés à diriger l'essor dans les familles. Ce n'est qu'en fixant
dans leur mémoire des milliers d'exemples ,
qu'ils seront en état de suivre des traitemens ,
et de ne pas se laisser surprendre par des faits ,

dont ils seront témoins, et qu'ils pourront comparer à d'autres.

C'est à eux encore qu'est réservée l'honorable
tâche de réviser le procès du *mesmérisme*, et
de rapporter le décret de la faculté, qui re-
pousse de son sein ceux des docteurs qui ne
souscrivirent pas l'anathême lancé contre la
doctrine d'un *novateur*, à moins que le petit
nombre des commissaires survivans ne regar-
dassent comme un acte de justice de solliciter
un nouvel examen, et un nouveau rapport.
Tant de franchise et de loyauté ajouterait à la
vénération que l'amour du savoir doit à la vieil-
lesse ! Plût à Dieu que cet hommage à celle de
M. *Mesmer*, pût ajouter quelque chose au
calme d'une ame bienfaisante, qui plus près de
la nature, au pied des monts Helvétiques, mêle
au souvenir d'un bienfait offert à la société, le
regret de ne le pas voir accepté, avant de passer
à une autre vie.

Combien cet estimable philantrope ne se

féliciterait-il pas, s'il savait qu'un nombre déjà considérable de médecins vérifient, par leurs propres expériences, la réalité d'une faculté applicable à la guérison des maladies !.... Mais je ne dois pas soulever le voile sous lequel la prudence veut laisser des sages qui méditent sur des faits, les comparent, et peuvent, un jour, contribuer à faire admettre dans le Code de la nature quelques lois, dont on ne pouvait soupçonner l'existence, habitués que nous sommes à jurer sur la parole des maîtres. Je les invite à prendre courage, à s'armer de patience, et surtout à opposer une grande force de caractère aux résistances, aux contrariétés ; ils seront dédommagés de leurs peines par des succès. Les malades qui les appellent leur facilitent le choix des sujets. Pour des épreuves, il faut préférer ceux qui pourront être surveillés dans l'exécution des ordonnances : souvent une négligence, un oubli, un délai, peuvent avoir des suites fâcheuses.

Il serait bien satisfaisant pour les convertis,
de voir se grossir le nombre des preuves en faveur d'une découverte, dont les progrès feront
naître leur enthousiasme : il est si doux de rendre
un malade à la santé, à la vie ! Mais que cette
généreuse ardeur ne les emporte pas : on est
animé par elle en entrant dans une carrière dont
on voudrait atteindre les bornes : qu'ils sachent
que cette activité, dont le motif est généreux,
nuirait aux développemens d'une faculté qui
ne se perfectionne que dans le calme, et en présence du praticien qui ne la provoque, la favorise et l'entretient, que par l'attention la plus
soutenue. La multitude des témoins fait courir
le funeste hasard de trouver parmi eux des
inanalogies. J'insiste sur la nécessité de prendre
toutes les précautions qui peuvent les faire connaître : la négligence à cet égard nuirait à la
lucidité que l'on veut obtenir.

Je dois vous parler d'une espèce d'inanalogie
dont l'effet est vivement senti par les *somnam-*

bules, mais qui peut ne pas durer, si la personne qui l'apporte ne conserve pas la même opinion d'incrédulité qu'elle [avait, faute d'être instruite des probabilités qui existent en faveur d'une faculté dont la réalité ne s'admet qu'avec des preuves. Un fait peut me faire entendre. En 178..., un homme, jeune encore, mais versé déjà dans la théorie de la science médicale, ne voulait pas quitter Paris, et aller jouir des avantages de son diplome, dans sa province, sans avoir vu des *somnambules*. Doué d'un assez bon esprit, il voulait ne pas croire sur parole, et s'assurer, par lui-même, de l'existence d'un phénomène qui lui paraissait impossible à lier ou à rattacher aux lois *connues* de la physique de l'école. Ses liaisons avec un magnétiseur lui facilitaient les moyens de se satisfaire, et de mettre un terme aux discussions qui se renouvelaient entre l'un et l'autre. Avec des hommes instruits, comme l'était le jeune docteur, on pardonne, ou plutôt on loue l'incrédulité qui a son principe dans un esprit avide

de s'instruire, et non dans une tête qui s'endur-
cit par des paralogismes. La permission d'admettre le curieux fut sollicitée auprès d'une *som-*
nambule très-lucide, qui, à son vingt-septième
sommeil, terminait le traitement d'une maladie
grave, chronique, et abandonnée comme incu-
rable. Aucune personne étrangère et inutile à
sa cure n'avait été admise : la malade refusa,
et désigna, vers la fin de la quinzaine, le jour
où, sans danger d'une commotion fâcheuse, elle
permettrait qu'on l'approchât d'elle. Il était intéressant de demander le motif du délai. Votre
liaison avec l'incrédule m'a fatiguée, dit la malade au magnétiseur, toutes les fois que venant
de promener avec lui, et de disputer, vous ar-
riviez chez moi : mais, votre influence domi-
nant la sienne, j'en sentais faiblement l'effet,
et sans que cela me fît mal. Aujourd'hui que
vous avez la volonté de me le présenter, *vous*
me l'apportez presque, cet ami : cette sensation
m'est pénible ; détruisez-la, en ne me parlant
plus de lui. Lorsqu'il me verra, à l'époque

fixée, je serai en état de combattre son incrédulité, et de la vaincre. Au jour indiqué, le
disciple d'Esculape fut admis : son entrée donna
un léger mouvement dans les nerfs de la malade, avant qu'elle eût été mise dans l'état de
somnambulisme. Le projet de faire une infinité
de questions et des épreuves, céda à la résolu-
tion d'observer de sang-froid, et avec un calme
remarquable dans un habitant du Midi, curieux
à l'excès d'étudier la nature. Il était intéressant
de voir dans tous ses traits, dans ses yeux, les
signes de son étonnement, dès que la *somnam-*
bule endormie voulut bien, pour le satisfaire,
faire la récapitulation sommaire de ses *sommeils*,
parler de la cause de ses maux, et expliquer
comment avaient agi les remèdes qui terminaient
son traitement. Ne faites pas, lui dit-elle,
d'autres épreuves, si vous faites des *somnam-*
bules, que celles qui tendront à favoriser les
cures des malades. Pour vous prouver que vous
en avez le pouvoir, je puis permettre que vous
m'endormiez demain, en présence de votre ami,

dont la volonté est indispensable, comme chef de traitement. Cette expérience par vous serait impossible, si ce que vous entendez et voyez depuis une heure, n'avait pas affaibli votre résistance, et préparé la confiance qui s'affermira demain. En effet le jeune docteur, mis en rapport avec le magnétiseur, endormit la malade, suivit, comme témoin, les autres sommeils, et emporta une copie du journal de son traitement, avec la conviction de sa propre force magnétique, et de la réalité des inanalogies qui peuvent se vaincre par la confiance. Il fit des *somnambules*, en arrivant dans la ville, où il fixa sa résidence jusqu'à l'époque où il y eut du danger à paraître ami des sciences, et surtout de cette doctrine.

La conversion d'un tel incrédule est, sans doute, un bien plus réel que toutes les expériences qui, comme l'éclair, passent avec rapidité, peuvent éblouir, et rarement préparer la conviction.

Je n'oublierai pas de vous dire l'anecdote
assez curieuse que j'ai dû faire précéder de
quelques réflexions utiles au magnétiseur.

Il y a douze ans, un jeune médecin avait
bien voulu se soumettre à des expériences magnétiques, et sous plusieurs mains peu exercées. Cependant il avait *dormi*, parlé, et même
donné des consultations : mais peu de liaison
dans ses idées prouvait quelquefois que, de cet
état de vacillation, il pouvait passer à une lucidité mieux fixée. Le hasard l'amena dans une
société où se trouvait un magnétiseur, auquel
on le désigna comme ayant *dormi* quelquefois.
Celui-ci s'informa si l'on avait eu soin de demander quelle était, dans le sujet, la cause
du *somnambulisme* : c'est ce dont on s'était
peu occupé ; les expériences n'avaient été que
de curiosité. On avait profité de la présence
de ce médecin pour le consulter sur un enfant
auquel on soupçonnait des vers. La prescrip-
tion venait d'être écrite : elle indiquait l'u-

sage de quelques amers, comme ayant la propriété des vermifuges. Il a été fait, dit le magnétiseur, deux oublis bien graves, celui de
demander précédemment à ce *somnambule*
quelle est la cause du développement, en lui,
de cette faculté ; et de l'endormir pour le consulter sur l'état de l'enfant. Pour réparer l'un,
et pour comparer deux avis, celui du docteur
médecin, et celui du docteur *somnambule*, le
magnétiseur l'invite à le regarder, lui fait une
subite et vive impression : elle se manifeste dans
le mouvement des paupières, et dans toute l'habitude d'un corps vigoureux qui chancelle.... Il
est placé sur un fauteuil.... un seul instant avait
suffi pour l'endormir, avant de l'y asseoir ; et,
pour le faire passer à l'état de *somnambulisme*,
le magnétiseur s'était abstenu de le toucher. —
Comment vous trouvez-vous ? — Bien. — Voyez-
vous la cause de l'effet que je viens de produire
sur vous ? — Oui. — Dites-la ? — Je suis menacé d'un anévrisme. — Expliquez-nous cela.
— Mon cœur est trop petit comparativement à
la

la quantité et à la chaleur de mon sang, qui,
dans son effervescence, fait effort, et dilate trop
ce viscère. — Quel est le moyen curatif? — Un
régime doux et atténuant : l'usage, parfois,
d'eau dans laquelle on aura étendu quelques
gouttes d'acide sulfurique. Je balancerai ainsi
l'énergie de ma constitution, qui est très-vigou-
reuse. — Un de ses amis lui demanda de voir
quelle était la sienne : il en reçut des conseils
utiles..... On avait donc acquis la connaissance
de la cause du *somnambulisme* dans un sujet
d'une taille élevée, et dont la santé se mani-
festait par la plus belle apparence. Il restait à le
consulter pour l'enfant. — Que voyez-vous ? —
Des engorgemens (en portant la main sur lui-
même, vers la région abdominale.) — Où ? —
Dans les glandes. — Du pancréas, ou du mésentère ? — Du mésentère. — Quel moyen curatif? — L'usage prolongé, même avec le vin,
d'eau teinte de rhubarbe, et à froid ; et quatre
verres, par jour, dont deux à jeun, d'une infusion théiforme d'une pincée de houblon choisi,

E

de quelques feuilles de chicorée sauvage, et autant de fumeterre. Ces remèdes conviennent aux dispositions qu'il a à prendre la maladie connue sous le nom de carreau, et à un principe scrofuleux, qui est la cause de son mal. — A-t-il des vers? — Non. — Avant de dormir, vous l'aviez pensé. — Je voyais mal. — Que faut-il croire? — Moi dans l'état où je suis. — Lorsqu'il en fut sorti, il entendit avec intérêt tout ce qui venait de se passer : les témoins étaient des amis à qui il avait donné sa confiance.

Que de réflexions à faire ! Je ne m'arrêterai qu'à la plus importante. Le *somnambulisme* ne se démontrera bien, sa réalité, et ses avantages ne seront authentiquement, et s'il faut le dire enfin, *légalement* prouvés, que par deux sortes d'expériences, les unes sur des médecins mêmes, les autres par des médecins sur ceux des malades qu'ils ont sous la main, et sur lesquels ils exercent l'autorité qu'établit la science, et

celle qu'admet et confirme l'amitié. En attendant, il faut compter sur des oppositions. La
résistance se fortifiera même en raison des succès obtenus, et épars dans quelques sociétés.
Tout préparera la conviction, lorsque les
hommes, que la loi désigne, autant que leur
généreux dévouement, comme les enfans légi-
times d'*Esculape*, présenteront eux-mêmes une
masse de preuves, qui, dans leurs mains, se lie-
ront parfaitement à celles acquises par les *Puységur*, les *Tardi de Mont-Ravel*, et autres
anciens appuis du *magnétisme*, qui, aujourd'hui,
malgré la discordance des sifflets, entrevoyent
l'époque prochaine du triomphe d'une meilleure
HARMONIE, et d'un parfait accord.

Si les efforts nouvellement faits pour hâter
ce triomphe, n'ont point été heureux; si la direction indiscrète d'une grande puissance magnétique a exagéré les espérances de qui que ce
soit qui la possède; si les journaux ont exercé
leur censure, afin d'imprimer à l'opinion le

mouvement qu'une grande publicité pouvait
lui donner, il n'en reste pas moins constant que,
de ce qu'il y a eu des expériences mal faites,
pour convaincre, on a dû en conclure la possibilité de faire de meilleures démonstrations.
C'est ce qui est arrivé ; beaucoup de gens sen-
sés consacrent quelques loisirs à des tentatives
que le zèle éclairé , qu'accompagne la prudence ; rendra plus heureuses. Ils les font sans
éclat, *et font bien*. On remarque parmi eux,
des personnes qui ont la confiance générale, et
l'estime que l'on accorde au savoir, à la probité et à l'honneur. Avant que le fouet des journalistes puisse les frapper , ils auront établi
assez de preuves pour détruire autour d'eux,
et hors de leur cercle, l'incrédulité chez ceux
qu'il convient de persuader , et dont la foi
pourra présenter ses motifs , et occuper à son
tour une place dans les journaux.

Alors on saura distinguer ce qu'il faut signa-
ler au public comme *absurde*. Le tableau des

mœurs parisiennes, si digne, à tous égards,
de fixer l'attention, et d'obtenir le suffrage des
connaisseurs, s'enrichira de teintes nouvelles.
Le peintre spirituel et gai, qui fait contraster
la vêture d'un *ermite*, avec le ton et les habitudes de l'homme le plus aimable, et le plus
fêté, même hors de sa *chaussée*, comme il a
droit de l'être au milieu des neufs sœurs, trouvera sur sa palette d'autres couleurs. Habile à
saisir et à fixer toutes les nuances qui nous pei_
gnent si correctement nos *mœurs* et nos travers,
il ne sera pas moins ingénieux, lorsqu'il effa-
cera la tache d'*absurdité* et de *ridicule* qu'il
a voulu étendre sur une *doctrine*, dont l'arrêt
de condamnation ne peut sortir d'un *tribunal*
devant lequel on a produit des *titres* imparfaits.
Il s'est placé dans la position où fut M. *H.*, qui
égaya ses lecteurs dans trois feuilletons du *journal*, qu'il servait si bien. On peut lui souhaiter
qu'il ait des motifs d'imiter son *frère en Apollon*;
d'essayer lui-même sa propre conviction; et
d'en faire connaître les motifs aux lecteurs qui

attendent les *samedis* avec l'impatience qui peut donner à un *ermite* (sans crainte de blesser la modestie, de rigueur dans cet état d'abnégation et de pénitence) la mesure des suffrages qui peuvent plaire à l'écrivain dont le talent nous amuse en nous intéressant. Vous recevez, je pense, à la campagne, les feuilletons de la *Gazette de France* : celui du 21 août n'est pas seulement remarquable par l'*animadversion* d'un *juge* contre ce qu'il croit devoir *blámer*; il l'est aussi par le reproche philantropique que l'utile philosophe fait aux parisiens *qui préfèrent l'eau fangeuse de la Seine à l'eau claire et filtrée qu'on leur offre au même prix.* En cela il est d'accord avec une *somnambule*, qu'il ne jugerait point *absurde*, s'il l'entendait étendre et motiver le reproche qu'il nous fait de nous inoculer mille maux, en avalant des miasmes délétères, que la nymphe de la Seine voit à regret se mêler à ses eaux. Il approuverait des détails qui, s'ils n'échappent pas au chimiste, prouvent l'impuissance de deviner, en médecine, où se placent les germes d'une infinité de maux dont l'origine est inconnue.

Son suffrage nous sera aussi précieux que sera la vive reconnaissance du public, si, après nous avoir éclairés sur le dangereux usage d'une eau *fangeuse ;* si, après nous avoir déjà donné tant de preuves de l'activité de sa bienveillance, pour nous porter à la réforme de nos *mœurs* et de nos *habitudes*, en les peignant, il voulait mêler à sa sollicitude sur les qualités d'un *liquide* si nécessaire à la vie, la sollicitude d'un sage sur la manière de préparer l'aliment *solide* qui est de première nécessité. Le *désert* qu'il a choisi pour sa *retraite*, la chaussée d'Antin, a droit de faire valoir près de lui des titres pour se glorifier d'une invention aussi honorable que peut l'être celle d'offrir à tous les habitans de Paris une eau purifiée. L'invention dont je veux parler a même, sur les filtres du quai des Célestins, l'avantage d'être utile au-delà de l'en-

ceinte de la capitale ; et celui d'avoir été vue ,
examinée et bien appréciée par une *somnam-*
bule, qui sur cela, comme sur beaucoup d'autres
choses, n'a pu rester indifférente , en prévoyant
même l'inculpation d'*absurdité*. J'excite la curiosité du *solitaire* observateur ; mais je veux
qu'il ait, pour ainsi dire, toute la fraîcheur du
plaisir ; la jouissance sera digne de lui.

Une société , plus modeste que ne l'est son
titre, LA SOCIÉTÉ D'ENCOURAGEMENT, s'intéresse aux nouveaux progrès que feront les
arts, et offre des secours à ceux qui les cul-
tivent. Elle a pensé que des routines pouvaient
être remplacées par des pratiques meilleures :
et, dans les premières , elle en a choisi une
qui a , en sa faveur, de grandes autorités, par-
ticulièrement celle de l'ancienneté. Son pro-
gramme qui proposait un prix de quinze cents
francs , et une médaille , à l'inventeur qui pré-
senterait une manière de pétrir, et une machine
qui , dans la fabrication du pain, exclurait la

manipulation, dont l'idée se lie assez mal à
celle de propreté, a rendu intéressant un con-
cours qui fera époque dans les annales des
arts de première nécessité. Le prix a été donné
au boulanger dont le pain nourrit peut-être
l'*Ermite de la Chaussée d'Antin*, sans que
celui-ci en connaisse les avantages. M. *Lambert* a sa boulangerie à l'entrée de la rue du
Mont-Blanc, n°. 5. Cet artiste (il a prouvé ses
droits au titre par sa machine, qui serait con-
venablement nommée *lambertine*) est digne
de recevoir la visite du juste appréciateur des
eaux filtrées. Il résultera de leur rapproche-
ment et de leur communication des éclaircissemens que le public ne peut lire avec indiffé-
rence dans un feuilleton de la *Gazette*, quoi-
qu'en gémissant sur l'insouciance avec laquelle
nous accueillons les plus utiles découvertes.
M. *Lambert*, malgré le suffrage de la *société
d'encouragement* et celui des curieux éclairés,
que la publicité de la récompense attira chez
lui, et près de sa machine en activité, est

encore le seul boulanger de Paris qui fasse jouir
ses pratiques de l'avantage du nouveau pétrin.
Broyez des couleurs, peintre de nos *absurdités,*
des nos *ridicules* et de nos *travers* : combien de
de nuances vous avez encore à fixer sur la
toile ! ! !

Je pense que le vigilant *ermite* ne se trouvera pas plus près de l'absurdité que l'est le
somnambulisme, qui, parfois, peut aussi raisonner, non seulement sur les maladies arrivées,
mais aussi sur les moyens de prévenir celles qui
nous menacent, et dont le principe existant
peut, d'un moment à l'autre, fermenter et se développer : triste expectative pour quiconque se
désaltère avec de l'eau *fangeuse*, et peut s'inoculer bien des maux ! ! ! ! Que dira M. l'*Ermite* !.... Laissons-le faire : il peut persuader :
qu'il voie la *lambertine.*

Paris, 2 septembre 1813.

Si vous ne revenez pas à Paris, cet hiver, je vous informerai de ce qui est venu à ma connaissance, depuis qu'on s'occupe à multiplier avec prudence des faits qui peuvent fortifier la confiance accordée aux personnes qui attestent des traitemens suivis par elles, et devant elles. Votre curiosité sera vivement excitée : j'aurai de quoi la satisfaire.

Je finis en vous citant le paragraphe qui termine un article de M. *Tourlet*, qui, dans le *Moniteur* du 16 octobre 1811, après avoir parlé, avec son érudition accoutumée, d'un ouvrage de M. de *Puységur*, dit : Que conclure » maintenant de tout ce que nous venons d'ex- » poser ? Le voici. Une simple dénégation de » faits serait évidemment trop injurieuse et à » la réputation des écrivains honnêtes encore » vivans, et à la mémoire de *Sauvage*, de

» *Dionis*, de *Pététin*, et d'autres personnages
» célèbres dans l'art de guérir; ajoutons même,
» s'il le faut, à la mémoire des anciens, et de
» nos crédules aïeux. Il devient donc conve-
» nable d'examiner plus sérieusement qu'on ne
» l'a fait encore, ou ce qui a pu donner lieu à
» de tels faits, s'ils existent réellement, ou ce
» ce qui a pu donner à ces mêmes faits l'appa-
» rence de la réalité, s'ils sont illusoires. Il suf-
» fit que nous ayons bien désigné le point es-
» sentiel sur lequel devrait se reporter, de nou-
» veau, l'attention et le jugement des physi-
» ciens et des médecins probes et éclairés.

———

En attendant le Manuel et la réunion ,
en un seul corps d'ouvrage, des faits les plus
marquans , dont la connaissance est nécessaire pour suivre le développement et les progrès de la faculté *somnambulique*, qui n'atteint
que *dans le calme* le degré de perfectionnement

dont elle est succeptible, les jeunes médecins doivent lire et méditer quelques ouvrages actuellement sous leur main. On les trouve à la librairie de *Dentu*, rue du Pont-de-Lodi, et à son magasin bien connu, au Palais-Royal..... *Du Fluide Universel*, etc., brochure écrite pour eux, il y a sept ans; les livres publiés par M. de *Puységur*, avant et après cette date; *l'Histoire critique du Magnétisme* par M. *de Leuze*; et même la brochure de M. de *Montègre*, dont la lecture devient plus curieuse, dans ce moment, où les probabilités ont pu préparer la conviction chez un écrivain qui, dans sa *Gazette de Santé*, nous montre tout son dévouement à la cause [des malades, et indique des préservatifs à ceux qui se portent bien.

Ses jeunes confrères, dit-on, s'expriment franchement sur l'appui qu'il a donné lui-même, par la publication de sa brochure, à la *nouveauté* qu'il blâme : leur manière de juger l'effet que produit cette diatribe, paraît assez généralement adoptée par les personnes qui aiment à faire des rapprochemens et à comparer les choses écrites et publiées, avec les expériences que l'on peut faire soi-même, et qui font alors à la conviction un titre contre ce qui avait pu être fait pour l'éloigner et la détruire. En effet, plus on aiguisera de traits contre le *somnambulisme*, plus on multipliera ses défenseurs dans le nombre des curieux, qui peuvent faire succéder à leur curiosité le sentiment raisonné d'un vif intérêt : tels qui, ne croyant pas, plaisantaient et même passaient la plaisanterie, prennent dans leur confiance acquise aujourd'hui des armes dont leur loyauté et leur probité doublent la force ; tels qui persécutaient, deviennent des apôtres ; leur zèle n'a besoin que d'être modéré, et leur activité soutenue dans les bornes de la prudence. Lorsqu'un voyageur a été malignement égaré dans son chemin par des insoucians à qui il le demandait, il s'adresse à des indicateurs qui peuvent être plus bienveillans. Ainsi feront les amis des sciences ; égarés un moment, ils reprendront avec joie la

route que la raison, le discernement et l'autorité acquise par l'expérience leur auront indiquée.

Lorsqu'on en est à modérer l'ardeur des *convertis*, dans la foule même des incrédules, on
aime à faire une réflexion bien consolante, que
suggère un sentiment de justice à rendre à l'humanité, qui n'est pas aussi perverse que le
croient les atrabilaires et les misantropes. Le
magnétisme est un *mal*; il faut lui faire la
guerre : le *somnambulisme*, en *médecine*, et
avec la vigilance des *médecins*, peut, par eux,
être un *bien*; il faut *voir*, et laisser à la prudence des praticiens le soin de multiplier les
motifs de conviction. Dans ces deux mouvemens, celui qui fit proscrire et celui qui désigne
une *demi-faveur*, se manifeste l'intérêt qu'ins-
pire aux cœurs droits et sensibles la cause des
malades, j'ajouterai la cause de ceux qui se
portent bien; la faculté *somnambulique* indiquant aussi comment on peut conserver la pre-

mière des richesses, la santé. Cette sensibilité,
qui ne peut être l'égoïsme, excitée même à l'occasion de nos propres maux, et qui est une vertu
lorsqu'elle a pour objet les maux d'autrui, ho-
nore les ames qui se laissent aller à la généreuse
impulsion qui les porte à examiner une doctrine
dont la fortune la plus certaine est dans les cœurs
émus, en considérant la foule de nos maladies,
et en entrevoyant *au moins des probabilités* en
faveur des traitemens qui leur conviennent.

Pendant que l'on dispute sur une question
d'un intérêt réel, assez de preuves sont nouvellement acquises , que des succès pourront être
offerts aux savans qui mettent pour conditions
à leur *foi* que des hommes connus les leur attestent.

Plaisanter d'un côté, *agir* de l'autre, voilà
dans ce moment ce qui se passe ici ; mais ceux
qui restent impassibles au milieu du bruit, n'é-
changeront pas contre la plus belle fortune , le
triomphe

triomphe de la vérité et celui des faits : c'est celui de l'humanité.

Il a été imprimé, en 1810, à Amsterdam, un ouvrage latin, intitulé : *INSTITUTIONES ME-DICÆ*, etc. *Sprengel* en est l'auteur. Dans ces *Institutions*, il n'a pas dédaigné de parler avec assez d'étendue du *somnambulisme* et du *magnétisme animal*.

Voilà donc un savant qui a cru devoir s'occuper de cette question dans un livre destiné à compléter l'instruction prise sur les bancs, et dont le perfectionnement ne peut être dû qu'à la lecture et à la méditation des bons auteurs.

J'invite la *jeunesse studieuse*, et même les gens du monde, dont la curiosité vient sans doute de s'éveiller davantage, à voir comment *Sprengel* expose avec sagesse ce qu'il avait à dire sur une matière dont un docteur doit parler sans prévention.

F

Si ce qu'il a écrit n'est pas encore *clas-sique*, à cause des résistances, l'honneur de faire un jour autorité, peut lui être décerné par ceux-là mêmes qui, n'ayant pas trouvé cette doc-trine dans l'école, viennent de l'accueillir dans la société, où la leur a fait trouver le désir de s'instruire, et de changer en certitude le soup-çon que cet objet de plaisanterie pouvait être bon à quelque chose. Je crois qu'ayant devant eux une longue carrière à parcourir, ils peuvent avoir l'espoir de réunir assez d'observations et de faits, pour faire, à leur tour, autorité.

Devenus alors *docteurs enseignans*, ils effa-ceront le souvenir des combats qu'il a fallu li-vrer à l'incrédulité, ou du moins ils en affaibli-ront la mémoire. Leur expérience affermira un de ces triomphes que prépare toujours lente-ment la nature, lorsqu'il faut les obtenir sur des préjugés et des préventions difficiles à vaincre. (*Voyez* au tome **II** de *Sprengel*, le livre 2, chapitre *du Sommeil*, section 3, *du*

Somnambulisme et du *Magnétisme animal.*
Je ne sais si cet ouvrage a été traduit en notre
langue.

Les discussions sur cette matière donneront
lieu à la publication de plusieurs autres ouvrages : c'est le désir d'instruire qui leur fera
voir le jour ; ils sortiront de l'obscurité des
porte-feuilles, où les comprimait la crainte du
ridicule. L'amour des sciences doit enfin préva-
loir sur un sentiment qui ne serait plus aujour-
d'hui qu'un mouvement prolongé de pusillanimité coupable. Eh ! quoi de mieux fait pour
plaire, enfin, généralement à la société, que le
courage de lui dire, de lui répéter avec le docteur *Alibert,* qu'il n'est point de question oiseuse dès qu'il s'agit de trouver quelques soulagemens à nos maux.

Les discours publics de nos Docteurs les
plus estimés sont pleins de ces encouragemens

donnés aux *Elèves*, auxquels on fait entrevoir la possibilité de multiplier les efforts et les ressources de l'art de guérir.

F I N.

PORTHMANN, IMP^r. DE S. A. I. ET R. MADAME, ET DE S. A. I. ET R. Mme. LA PRINCESSE PAULINE, RUE DES MOULINS, N°. 21.

www.ingramcontent.com/pod-product-compliance
Lightning Source LLC
Chambersburg PA
CBHW050557210326
41521CB00008B/1002